Las células,
CONSTRUCTORAS DE VIDA

Jodie Mangor

Rourke
Educational Media

rourkeeducationalmedia.com

Antes de leer:

Para aumentar el vocabulario académico usando los conocimientos previos

Antes de leer un libro, es importante aprovechar lo que su hijo o los estudiantes ya saben sobre el tema. Esto les ayudará a desarrollar el vocabulario, aumentar la comprensión de la lectura y hacer conexiones a través del plan de estudios.

1. *Mira la portada del libro. ¿De qué tratará este libro?*
2. *¿Qué es lo que ya conoces sobre el tema?*
3. *Vamos a estudiar el contenido. ¿Sobre qué vas a aprender en los capítulos del libro?*
4. *¿Qué te gustaría aprender acerca de este tema? ¿Crees que puedas aprender algo del tema en este libro? ¿Por qué o por qué no?*
5. *Utiliza un diario de lectura para escribir acerca de tu conocimiento sobre este tema. Escribe lo que ya sabes y lo que esperas aprender.*
6. *Lee el libro.*
7. *En tu diario de lectura, escribe lo que has aprendido acerca del tema y tu reacción a su contenido.*
8. *Después de leer el libro, completa las actividades que aparecen a continuación.*

Vocabulario
Área de contenido
Lee la lista. ¿Qué significan estas palabras?

andamiaje
complejo
diversidad
energía
fotosíntesis
funciones
gen
información genética
microbios
micrómetros
microscopía
nutrientes
organismo
proteínas
reproducirse

Después de leer:

Actividades de comprensión y de extensión

Después de leer el libro, haga las siguientes preguntas a su hijo o los estudiantes con el fin de comprobar el nivel de comprensión de la lectura y el dominio del contenido.

1. *¿Cómo puedes saber si algo está vivo? (Resumir)*
2. *¿Cuáles son algunas de las razones más importantes para estudiar las células? (Inferir)*
3. *¿Qué es un "Frankenmeat,"? y ¿por qué alguien lo comería? (Preguntar)*
4. *¿Cómo los medicamentos afectan las células de tu cuerpo? (Auto-conexión con el texto)*
5. *¿Cómo fuera diferente nuestro conocimiento de las células si no existieran herramientas tales como los microscopios? (Preguntar)*

Actividad de extensión

¡Haz una planta comestible o una célula animal! Con la ayuda de un adulto, horneen un pastel en un molde redondo siguiendo las instrucciones del paquete. Después de glasear la torta, utilicen caramelos con diferentes formas para representar los orgánulos de la célula.

Contenido

ASOMBROSAS MINI MÁQUINAS DE LAVIDA

¿Qué tienen en común un árbol y el cuerpo humano?

¡El tronco!

Bromas aparte, ambos se componen de células. Así son todos los organismos vivientes, desde los más pequeños microbios, las plantas, los seres humanos, hasta la maravillosa ballena gigante.

Las células son como pequeñas máquinas, que llevan a cabo todo el trabajo necesario para mantenernos vivos. Son las unidades vivientes más pequeñas capaces de reproducirse a sí mismas.

¡¿Está vivo?!

Cómo se puede saber si algo está vivo? Para que algo se considere un organismo, un ser vivo tiene que mostrar todos los rasgos de la lista que sigue:

- Estar compuesto de una o más células
- Utilizar energía
- Mantener un sistema interno constante y estable
- Crecer
- Reproducirse
- Ser capaz de detectar y responder a los cambios de su ambiente

¿Qué pasa con los virus? ¿Están vivos? La respuesta es no. Aunque tienen toda la información necesaria para multiplicarse, no pueden **reproducirse** por sí mismos. Para lograrlo, tienen que infectar a una célula y forzar a su maquinaria a hacer el trabajo.

Algunos organismos son unicelulares, lo que significa que se componen de una sola célula. Las bacterias, las levaduras y las amebas son unicelulares.

Otros organismos son multicelulares, con cuerpos formados por más de una célula, y a veces miles de millones de células.

Las células por números

¿Cuántas células tiene un organismo?

- Lactobacilos (una bacteria que se utiliza para hacer yogur): 1 célula
- Lombriz intestinal simple: 1,000 células
- Humano adulto: 37,000,000,000,000 (37 mil millones) de células

Yogur

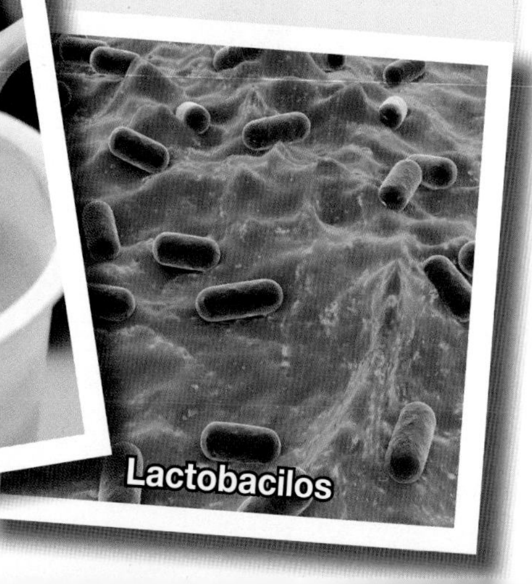

Lactobacilos

¡La diversidad de las células es alucinante! Hay una gran variedad de tamaños y formas. Estas características tienen que ver con el lugar donde vive la célula y el trabajo que desarrolla para sobrevivir.

El cuerpo humano tiene aproximadamente 37.2 mil millones de células.

La mosca de la fruta tiene 50,000 células.

Células de todas formas y tamaños

Los científicos descubrieron recientemente células en bacterias tan pequeñas que 150,000 podrían caber en la punta de un cabello humano. Las células también pueden ser enormes. Un huevo de avestruz (sí, ¡es una sola célula!) es aproximadamente del tamaño de un melón y pesa más de tres libras (más de 1 kilogramo), mientras que una célula nerviosa de una jirafa puede medir varios metros de largo.

El tamaño y la forma de una célula nos puede decir mucho acerca de su función.

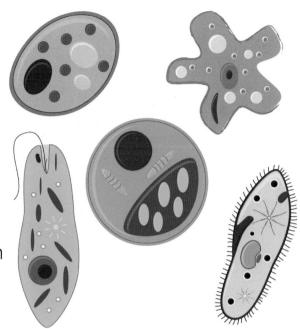

Los organismos unicelulares tienden a ser pequeños. Su tamaño les permite tomar los nutrientes y reproducirse rápidamente, a veces en cuestión de minutos. Estas características les ayudan a adaptarse a nuevos ambientes.

En un **organismo** pluricelular puede haber cientos de tipos de células. Sus diferentes formas y tamaños lo ayudan a llevar a cabo diferentes **funciones** para mantener la vida dentro de ese organismo.

Poder celular

Las células nerviosas envían señales de una parte a otra del cuerpo. Tienen una forma larga y delgada con ramas que se extienden en diferentes direcciones. Esto les permite comunicarse con otras células de manera rápida y eficiente.

Las células de la piel pueden ser anchas y planas, lo que permite que un menor número de células cubra un área mayor. También están muy unidas. Esto les permite formar una barrera suave, fuerte y elástica que protege el cuerpo del ambiente exterior.

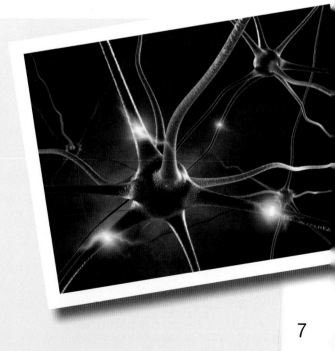

DENTRO DE CADA CÉLULA: EL FUNCIONAMIENTO INTERNO DE UNA CÉLULA

A pesar de sus diferencias, las células tienen ciertas características fundamentales en común. Para empezar, todas las células vivas utilizan **energía**.

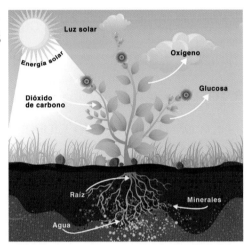

La energía le da a las células la fuerza que necesitan para sobrevivir, crecer, reproducirse y defenderse. Sin una fuente de energía, la célula eventualmente moriría.

¿De dónde obtienen las células la energía? Algunos organismos, como las plantas, son productores. Crean sus propios alimentos que contienen energía en un proceso llamado fotosíntesis. Otros organismos, como los animales, son consumidores. Ellos obtienen su energía consumiendo plantas u otros animales.

Reacción. Acción.

Muchas reacciones químicas suceden en el interior de una célula. El conjunto de todas estas reacciones se denomina metabolismo de la célula.

Las reacciones anabólicas almacenan energía mediante la construcción de moléculas complejas de las sustancias más simples. Un ejemplo sería la construcción de carbohidratos usando azúcar simple.

Las reacciones catabólicas liberan energía para que la célula la utilice al descomponer moléculas complejas en sustancias simples. Un ejemplo sería la ruptura de un carbohidrato complejo en azúcares simples.

Todas las células contienen ADN o ácido desoxirribonucleico. Sorprendentemente, todas las células almacenan su **información genética** de la misma manera, codificadas en el ADN.

El ADN de cada célula contiene toda la información necesaria para construir un organismo entero. Es como un plan maestro que le dice a una célula qué hacer, qué crear y cuándo.

El ADN hace la diferencia

Cuando los científicos compararon el ADN de los seres humanos con el ADN de los chimpancés y los gorilas, encontraron que compartimos aproximadamente el 99 por ciento de nuestro ADN con los chimpancés y el 98 por ciento con los gorilas. El restante uno o dos por ciento es suficiente para hacernos tan diferentes.

¿A qué se parece el ADN? Una sola molécula de ADN es en realidad dos hebras largas que se envuelven una alrededor de la otra en una espiral llamada doble hélice.

Diferentes secciones del ADN contienen las instrucciones para diferentes **proteínas.** A cada una de estas secciones se le llama **gen**. Los genes contienen información hereditaria de características como el color de nuestros ojos, la altura, si tenemos picos o labios, aletas o colas o si caminamos sobre dos o cuatro patas.

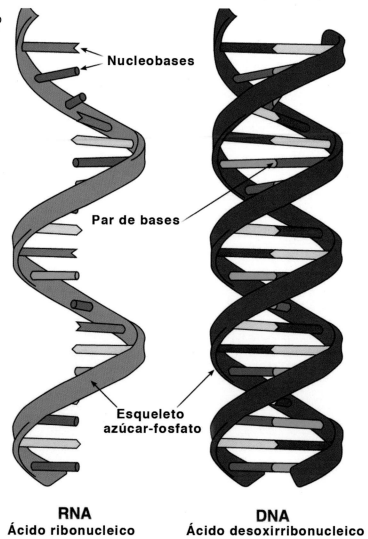

Nucleobases

Par de bases

Esqueleto azúcar-fosfato

RNA
Ácido ribonucleico

DNA
Ácido desoxirribonucleico

Las instrucciones contenidas en el ADN se pueden copiar múltiples veces, en moléculas de ARN o ácido ribonucleico. Cada molécula de ARN le proporciona a la maquinaria de la célula instrucciones de cómo formar una proteína determinada.

¿Sabías que...?

Los organismos complejos tienden a tener más ADN y más genes que los organismos simples. Los científicos estiman que los humanos tienen entre 20,000 y 25,000 genes. Una bacteria puede tener muy pocos, de 300 a 400 genes.

Todas las células tienen "máquinas" para producir proteínas. Estas máquinas se llaman ribosomas. Para construir una proteína, un ribosoma se cuelga a una hebra del ARN. El ribosoma se desliza a lo largo del ARN, "leyendo" sus instrucciones a medida que ensambla la proteína.

Las proteínas aportan mucho en una célula. Le dan su forma, controlan su comportamiento, y actúan como ayudantes para acelerar las reacciones químicas.

Los ribosomas son especiales, ya que se encuentran en células procariotas y eucariotas. Aunque el núcleo sólo existe en las eucariotas, todas las células necesitan ribosomas para la fabricación de proteínas.

Ribosoma

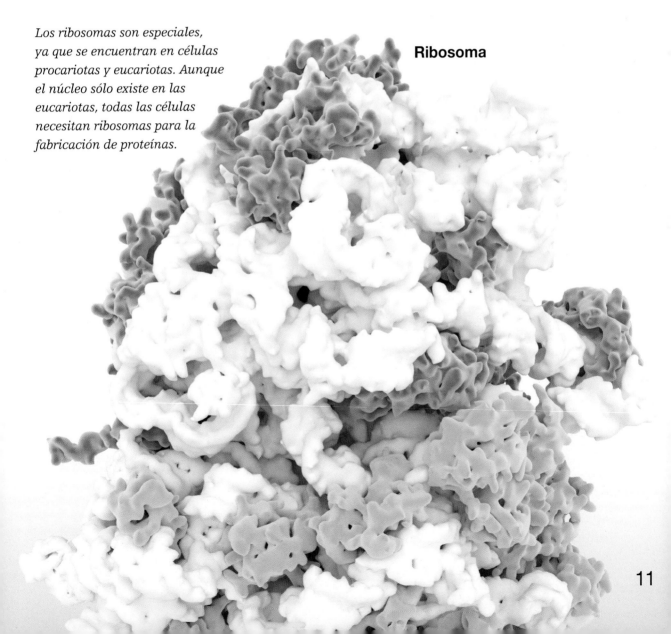

Todas las células están hechas con la misma estructura básica. Las unidades básicas de la materia llamadas átomos se combinan con otros átomos para formar las moléculas. Algunas de estas moléculas se organizan en orgánulos.

Orgánulos en una célula eucariota

Los orgánulos son pequeñas estructuras que realizan funciones específicas dentro de las células, al igual que nuestros órganos que realizan funciones específicas dentro de nuestros cuerpos.

Conjuntos de la estructura básica dentro de una célula y lo que hacen:

- Los nucleótidos se utilizan para formar el ADN. Hay cuatro nucleótidos diferentes: adenina (A), timina (T), citosina (C) y guanina (G). Al igual que las letras del alfabeto se pueden combinar de diferentes maneras para formar palabras, los nucleótidos se pueden organizar para transmitir significados específicos.

- Los aminoácidos son moléculas especiales que se utilizan para fabricar proteínas. Veinte aminoácidos diferentes se combinan de muchas maneras para hacer todas las proteínas de nuestro cuerpo.

Cada uno de estos conjuntos de elementos de la estructura se pueden organizar en un número infinito de formas, ¡como se muestra en los 100 mil millones o más de especies que viven aquí en la Tierra!

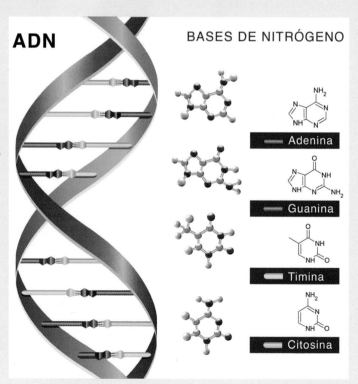

12

Todas las células tienen una membrana plasmática. Esta membrana separa el interior de una célula de su entorno. Actúa como una puerta de entrada a la célula, permitiendo que algunas sustancias entren y otras no.

El citoplasma está presente en todas las células. Es un líquido gelatinoso compuesto de agua, sales y proteínas que llena todos los espacios vacíos dentro de la célula.

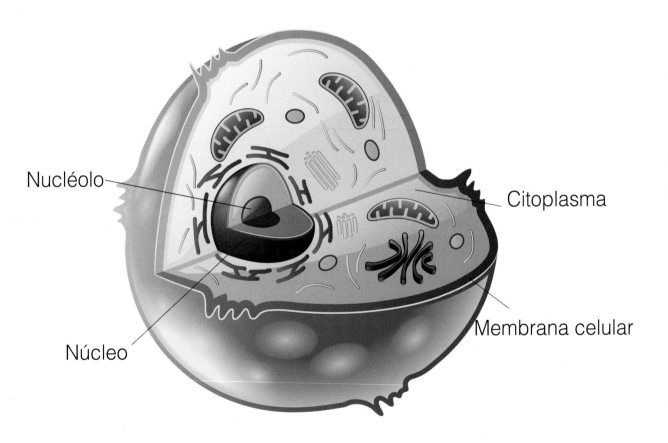

Nucléolo

Citoplasma

Núcleo

Membrana celular

La función del citoplasma es darle forma a la célula. También ayuda a rellenar la célula y mantiene a los orgánulos en su lugar. Sin citoplasma la célula se desinflaría y los nutrientes no podrían pasar fácilmente de un orgánulo a otro.

¿Por qué la mayoría de las células son tan pequeñas?

En este experimento vas a investigar cómo el tamaño de la célula afecta su capacidad de tomar las moléculas que necesita de su ambiente.

Materiales:
- gafas protectoras
- una patata cocida y pelada
- colorante de alimentos (de cualquier color menos amarillo)
- una regla métrica
- un cuchillo
- un pequeño frasco de vidrio con ½ taza (125 mililitros) de agua tibia
- una cuchara
- papel toalla

Instrucciones:
1. Pónte las gafas de seguridad.
2. De la patata, corta un cubo de 0,79 pulgadas (2 cm), uno de 0,4 pulgadas (1 cm) y uno de 0,20 pulgadas (0,5 cm). Utiliza la regla para medir. Estos cubos representan células de diferente tamaños. Guarda el resto de la patata. Pide la ayuda de un adulto para esta parte del proyecto.
3. Añade 40 gotas de colorante de alimentos al frasco de vidrio con agua. El colorante de alimentos representa las moléculas que las células necesitan para sobrevivir.
4. Coloca los tres cubos de patatas en la parte inferior del frasco de vidrio.
5. Después de 20 minutos, usa la cuchara para retirar los tres cubos de patatas del colorante de alimentos.
6. Colaca los cubos de patatas en la toalla de papel.
7. Con la ayuda de un adulto corta cada cubo de patata por la mitad. Compara su color con un pedazo de la patata original.
8. Mide hasta qué punto el colorante de alimentos ha penetrado en cada cubo de patatas.

¿Qué encontraste? ¿Qué célula recibió suficiente de las moléculas que necesita (colorante de alimentos) en su interior para sobrevivir? ¿Qué problema podría tener la célula más grande?

Ideas para pensar:
Una célula necesita que su membrana celular tenga suficiente contacto con su entorno para que los nutrientes o desechos puedan moverse fácilmente dentro y fuera de la célula.

Cuanto más pequeña es una célula, más membrana celular tiene en relación con lo que guarda en su interior. Esto significa que es más fácil para una pequeña célula obtener lo que necesita de su entorno. Una célula más grande puede que no sea capaz de obtener los nutrientes suficientes para sobrevivir.

PROCARIOTAS VS. EUCARIOTAS

Hay dos tipos principales de células: procariotas y eucariotas. Las procariotas son organismos simples y pequeños, como las bacterias. La mayoría son unicelulares, pero algunos se unen en grupos. Las células procariotas no tienen núcleo, lo que significa que su ADN, que a menudo se almacena como una sola molécula circular, no lo retiene una membrana.

Las eucariotas son más **complejas** que las procariotas. Sus células son generalmente mucho más grandes, y pueden llegar a tener un volumen hasta mil veces mayor. Las eucariotas pueden ser unicelulares, como la levadura o la ameba, o pluricelulares. Los animales, las plantas y los hongos, todos tienen células eucariotas.

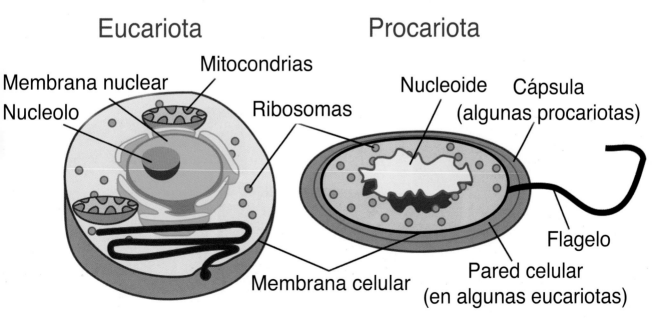

Eucariota

Procariota

Membrana nuclear
Nucleolo
Mitocondrias
Ribosomas
Nucleoide
Cápsula (algunas procariotas)
Flagelo
Membrana celular
Pared celular (en algunas eucariotas)

Los científicos han creado un sistema de clasificación para los seres vivos. En el nivel más alto, todos los organismos se pueden dividir en uno de los tres dominios o ramas principales de la vida: Arquebacterias, Bacterias y Eucariotas. Todos los organismos en los dominios Arquebacterias y Bacterias son procariotas. El dominio Eucariota incluye formas más complejas, mayormente formas de vida pluricelulares, todos los cuales son eucariotas.

Árbol filogenético de vida

Bacteria   **Arquebacteria**   **Eucariota**

Espiroqueta

Bacteria verde filamentosa

Bacterias gram positivas

Proteobacteria

Cianobacteria

Planctomicetos

Bacteroides Cytophagia

Thermotoga

Aquifex

Methanosarcina

Metanobacterium

Methanococcus

Thermococcus

Thermoproteus

Pyrodictium

Halófilos

Hongos mucosos

Entameba

Animales

Hongos

Plantas

Ciliados

Flagelados

Tricomónadas

Microsporidios

Diplómadas

Bacteria

Arquebacteria

Eucariota

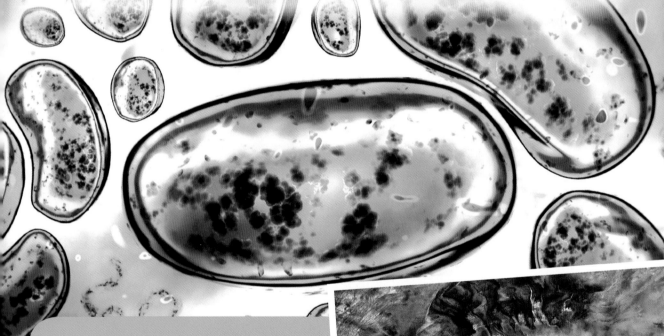

A pesar de que no podemos ver las bacterias y arquebacterias, estos pequeños organismos están en todas partes. Tu cuerpo contiene diez veces más células bacterianas que células humanas. Las procariotas son muy diversas, y contando con que aproximadamente existen entre 9×10^{29} y 31×10^{29} microbios en el planeta, constituyen la mayor parte de la vida en la Tierra.

¿Sabías que...?

Muchas (¡pero no todas!) las arquebacterias viven en ambientes extremos. Se han encontrado en aguas termales en ebullición, en piscinas súper saladas, en las profundidades del océano y en el hielo antártico.

¿Cómo lo logran? Producen una variedad de moléculas y enzimas que las protegen y les permiten adaptarse.

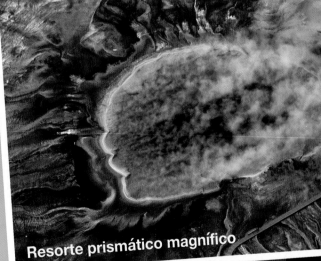

Resorte prismático magnífico

¿Cómo puedes diferenciar una célula eucariota de una procariota?

Una diferencia importante es que las células eucariotas tienen un orgánulo celular membranoso y las procariotas no.

El núcleo es el orgánulo más importante en una célula eucariota. A veces se le llama el cerebro de la célula. Aquí es donde la información genética de la célula se almacena en la forma de ADN. Dentro del núcleo, hebras de ADN se envasan en estructuras llamadas cromosomas.

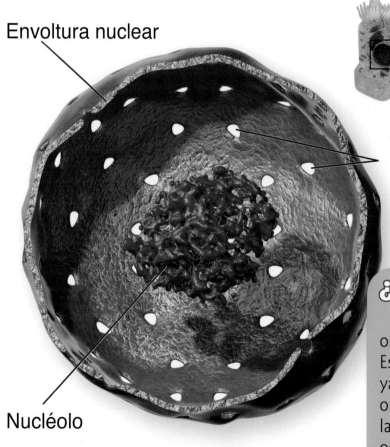

Envoltura nuclear

Poros nucleares

Nucléolo

Núcleo

¿Sabías que...?

El núcleo fue el primer orgánulo que se descubrió. Esto no es de extrañar, ya que el núcleo es el orgánulo más grande en las células de animales y ocupa aproximadamente el diez por ciento del espacio interior de una célula.

Estos son algunos de los otros orgánulos que se encuentran en las células eucariotas:

- Las mitocondrias tienen lo que se necesita para mantener una célula activa. Convierten las moléculas orgánicas (alimentos) en energía que la célula puede utilizar.

- Los lisosomas son los trituradores de basura de la célula. Se deshacen de los residuos destruyéndolos.

- Las vacuolas actúan como instalaciones de almacenamiento de agua, alimentos y otras moléculas. En las plantas, ayudan a las células a mantener su estructura rígida.

Las mitocondrias en movimiento

Las mitocondrias pueden cambiar de forma y moverse alrededor de la célula según sea necesario. Pueden mutiplicarse cuando la célula necesita más energía, y pueden disminuirse o ser inactivas si las necesidades de energía de una célula disminuyen.

Las mitocondrias son orgánulos pequeños que flotan libremente dentro de una célula. Algunas células tienen varios miles de mitocondrias, mientras que otras, no tienen ninguna.

- El retículo endoplasmático es un importante centro de fabricación y de distribución de la célula. Algunas partes de esta red de membrana plegada están llenas de ribosomas que producen proteínas. Las proteínas hechas en el retículo endoplásmico se empaquetan y se envían al aparato de Golgi.

- El aparato de Golgi es otro orgánulo, que como una fábrica procesa, empaca y envía las proteínas y otras moléculas alrededor de la célula.

- El cito esqueleto no es un orgánulo, aunque su trabajo no es menos importante. Como un esqueleto o **andamiaje**, ayuda a la célula a mantener su estructura y su organización.

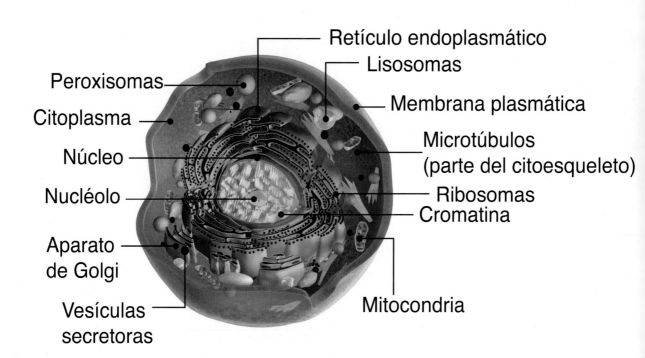

Los organismos pluricelulares: su organización

La mayoría de las células eucariotas son organismos complejos con muchas capas de organización. Cuando un grupo de células similares trabaja en conjunto para llevar a cabo una función necesaria para la vida, forman un tejido. Por ejemplo, mientras que una sola célula de un músculo no puede bombear el corazón, muchas trabajando juntas como tejido, sí pueden.

Cuando un grupo de tejidos trabaja en conjunto en las mismas tareas, forman un órgano. El corazón es un órgano que se forma de tejidos musculares, nerviosos, y sanguíneos que bombean sangre a través del cuerpo.

Cuando los órganos funcionan juntos como un conjunto, forman un sistema. El corazón, junto con las venas y las arterias, son parte del sistema circulatorio.

Un grupo de sistemas que interactúan, como el digestivo, respiratorio, los sistemas musculares y muchos otros, conforman un organismo complejo.

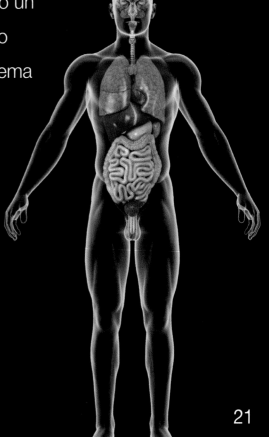

Tu cuerpo funciona como una máquina, con diferentes sistemas u órganos que componen tu cuerpo y permiten que funcione de manera eficaz. Como en una máquina, si uno de los sistemas no está funcionando correctamente, podría afectar a todo el cuerpo.

PLANTA VS. ANIMAL

Las plantas y los animales se ven muy diferentes unos de otros. Pero a nivel celular, tienen mucho en común. Las células vegetales y animales son ambas eucariotas. Tienen muchos orgánulos en común, y pueden organizarse y trabajar juntos por un objetivo común.

Pero, como era de esperar, también muestran algunas diferencias importantes

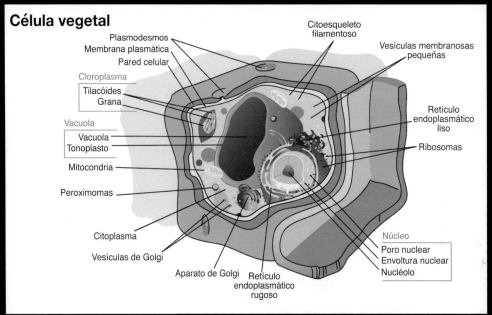

Célula vegetal

- Plasmodesmos
- Membrana plasmática
- Pared celular
- Cloroplasma
  - Tilacóides
  - Grana
- Vacuola
  - Vacuola
  - Tonoplasto
- Mitocondria
- Peroximomas
- Citoplasma
- Vesículas de Golgi
- Aparato de Golgi
- Retículo endoplasmático rugoso
- Citoesqueleto filamentoso
- Vesículas membranosas pequeñas
- Retículo endoplasmático liso
- Ribosomas
- Núcleo
  - Poro nuclear
  - Envoltura nuclear
  - Nucléolo

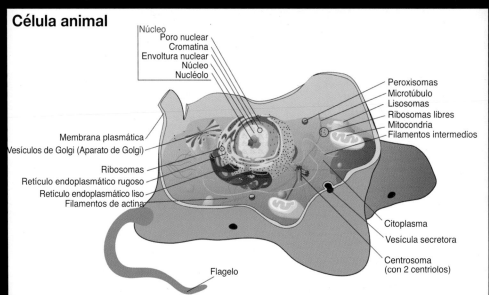

Célula animal

- Núcleo
  - Poro nuclear
  - Cromatina
  - Envoltura nuclear
  - Núcleo
  - Nucléolo
- Membrana plasmática
- Vesículos de Golgi (Aparato de Golgi)
- Ribosomas
- Retículo endoplasmático rugoso
- Retículo endoplasmático liso
- Filamentos de actina
- Peroxisomas
- Microtúbulo
- Lisosomas
- Ribosomas libres
- Mitocondria
- Filamentos intermedios
- Citoplasma
- Vesícula secretora
- Centrosoma (con 2 centriolos)
- Flagelo

Las células vegetales pueden hacer una cosa muy importante que las células animales no pueden hacer: convertir la energía solar en alimento. Lo logran a través de un proceso llamado fotosíntesis.

La fotosíntesis ocurre en los orgánulos llamados cloroplastos.

Proceso de fotosíntesis

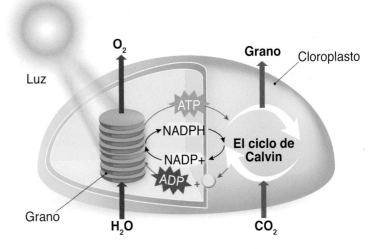

La vida en la Tierra se basa en la capacidad de las plantas de hacer alimentos ricos en energía. Las plantas consumen este alimento y también lo comparten con los organismos que se alimentan de ellas. Como sabemos, sin las plantas no existiría la cadena biológica.

Datos curiosos de los cloroplastos

- Una célula vegetal puede tener uno o dos cloroplastos, o cientos.
- Los cloroplastos le dan a las plantas su color verde.
- Pueden moverse por el interior de una célula para obtener la mayor exposición solar.
- Cada cloroplasto contiene su propio ADN y ribosomas.

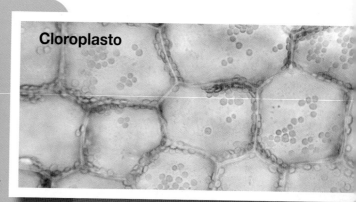

La mayoría de los cloroplastos son manchas de forma ovalada, pero pueden tener todo tipo de formas, tales como tazas, estrellas o cintas.

23

Las células vegetales están rodeadas por paredes celulares fuertes y rígidas. Estas paredes las protegen y le dan su forma cuadrada. También le proporcionan apoyo a las estructuras altas y verticales, como los tallos y troncos de los árboles. Si una célula sin pared celular es como un globo de agua, entonces una célula con una pared celular sería como un globo de agua perfectamente empacado dentro de una caja de cartón. ¿Cuál de las formas sería más fácil de apilar tan alto como un girasol o un árbol de arce?

Deshidratada = Caída

Las plantas almacenan el agua y los nutrientes en orgánulos llamados vacuolas. A veces, una vacuola puede llenar hasta el 90 por ciento del espacio interior de una célula. Las vacuolas ayudan a controlar el tamaño y la rigidez de una célula. Cuando ves una planta caída o marchita, lo más probable es que sus vacuolas se han reducido debido a la falta de agua.

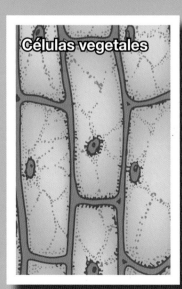

Células vegetales

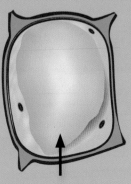

Vacuola hidratada

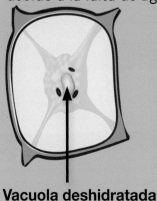

Vacuola deshidratada

Las células vegetales son únicas. Puedes encontrar tres características diferentes: el cloroplasto, el núcleo y la vacuola.

Las plantas pluricelulares se organizan en dos principales sistemas de órganos: raíces y retoños.

Las raíces crecen debajo de la tierra y contienen órganos que almacenan los alimentos y toman agua y minerales disueltos del suelo.

Los retoños incluyen órganos tales como los tallos, las hojas y las flores.

- Las hojas son el sitio principal para la fotosíntesis.
- Los tallos distribuyen los alimentos, el agua y los minerales por toda la planta y le proporcionan soporte estructural a las hojas y a las flores.
- Las flores, las frutas y las semillas son parte de la reproducción de las plantas.

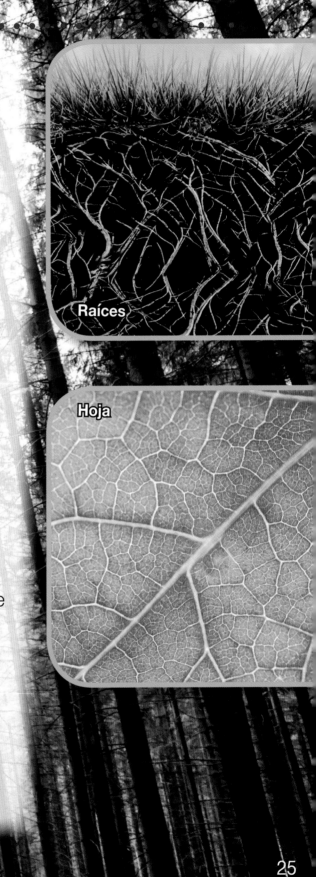

Raíces

Hoja

Las células animales difieren de las células vegetales de varias maneras. Las células animales carecen de pared celular. En lugar de tener forma de caja, tienden a ser esféricas.

Los animales no aprovechan la energía con cloroplastos. En su lugar, obtienen la energía de los alimentos que consumen. Las células animales tienen orgánulos llamados mitocondrias (las plantas también los tienen), que descomponen las moléculas de los alimentos para producir energía química.

Engullidas

Muchos científicos creen que las mitocondrias fueron una vez bacterias que vivían independientemente. Cuando una célula más compleja engulló a una de estas bacterias, la bacteria siguió viviendo dentro de esa célula. Las dos células se ayudaron mutuamente para sobrevivir y con el tiempo, la bacteria perdió su capacidad de vivir por sí misma, convirtiéndose en orgánulo.

También se cree que los cloroplastos comenzaron como bacterias independientes. Cada uno de estos orgánulos contiene su propia información genética separada de lo que está en el núcleo, y puede hacer copias de ellos mismos.

MITOCONDRIA

Partículas de ATP-sintasa
Matriz
Gránulos
Porinas
Espacio intermembrana
ADN
Ribosomas
Membrana interna
Membrana externa

¿Qué pasa con los hongos? Estos importantes eucariotas que a menudo se pasan por alto no son ni plantas ni animales. Son lo suficientemente únicos para ser clasificados en su propio reino.

Al igual que las plantas, los hongos tienen paredes celulares rígidas. Pero las paredes están hechas de diferentes materiales.

Al igual que los animales, los hongos no pueden producir su propio alimento. En su lugar, lo consiguen consumiendo materia orgánica. Los hongos descomponen organismos muertos o en descomposición y reciclan los nutrientes para que otros organismos puedan utilizarlos. Esto les da un papel fundamental en el ciclo biológico.

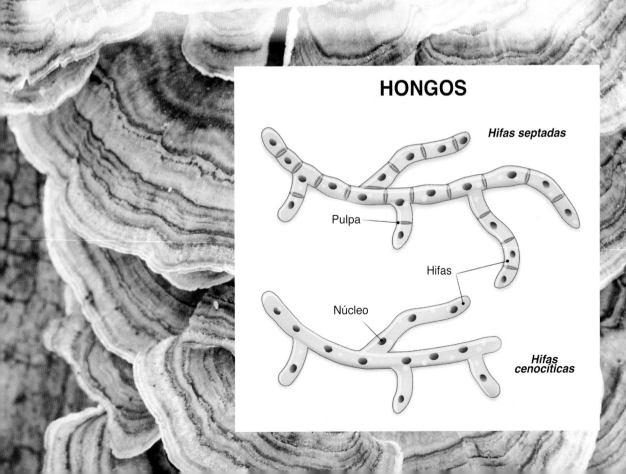

HONGOS

Hifas septadas

Pulpa

Hifas

Núcleo

Hifas cenocíticas

27

Construcción con Células / División celular

Cada minuto mueren células en tu cuerpo, ¡pero tú te mantienes vivo! ¿Cómo es posible esto?

Las células están constantemente reproduciéndose. Lo hacen a través de un proceso llamado división celular.

Nuevas células pueden reemplazar a las muertas y reparar los daños. Cuando aumenta el número total de células en un organismo, el resultado es crecimiento.

Así es la vida

¡Miles de mil millones de divisiones celulares se producen en el cuerpo humano todos los días!

Duración aproximada de la vida celular:
- Los glóbulos blancos pueden durar tan poco como unos días
- Las células externas de la piel: de 14 a 30 días
- Los glóbulos rojos: 120 días
- Las células del hígado: de 300 a 500 días
- Las células musculares: un promedio de 25 años
- La célula nerviosa: una vida

Hay tres formas principales de división celular: fisión binaria, mitosis y meiosis.

Las procariotas se dividen por fisión binaria. Una célula hace una segunda copia de su ADN y crece hasta que haya doblado su tamaño. Luego se divide en dos, con una copia de ADN en cada nueva célula.

Las eucariotas hacen nuevas células por mitosis o meiosis.

Hay dos tipos de división celular: mitosis y meiosis. Por lo general, cuando las personas se refieren a la división celular hablan de mitosis, el proceso de hacer nuevas células del cuerpo. Meiosis es el tipo de división celular que crea óvulos y espermatozoides.

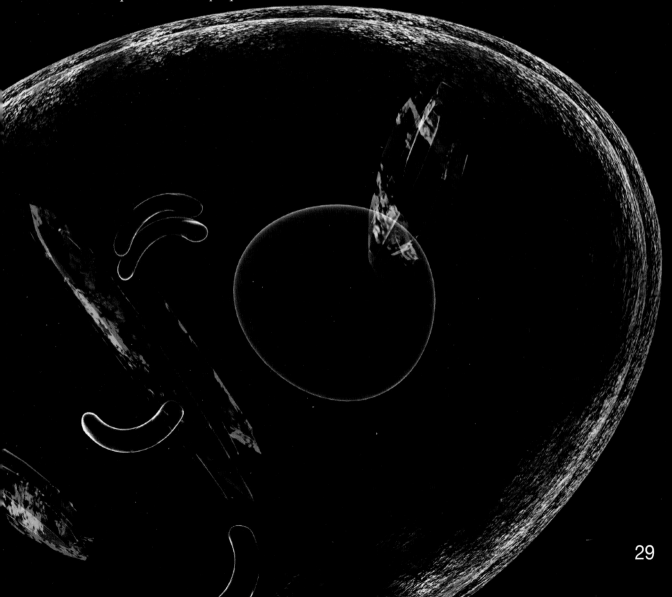

partes, se necesitan más pasos para la división.

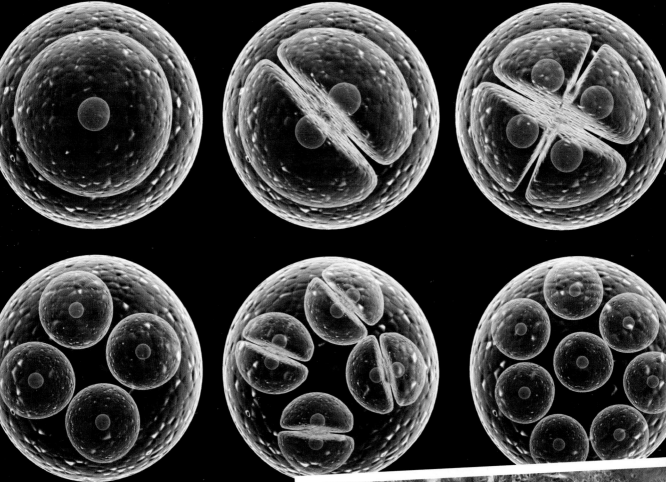

Células de la piel

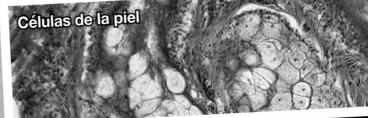

La piel es el órgano más grande de nuestro cuerpo. Tiene tres capas principales: la epidermis, la dermis y la capa subcutánea.

Los pasos de la mitosis

Típicamente, en una célula animal la mitosis se puede dividir en etapas:

1. Profase: La célula se prepara para dividirse. Su ADN está herméticamente impregnado en los cromosomas y la membrana alrededor del núcleo se rompe.

2. Metafase: Todos los cromosomas se alinean a lo largo de la línea media de la célula.

3. Anafase: ¡Comienza la separación! Copias idénticas de cada cromosoma se mueven a los lados opuestos de la célula.

4. Telofase: Se forma la membrana nuclear alrededor de cada uno de los dos conjuntos de ADN. La célula se divide entonces por la mitad para crear dos nuevas células, cada una con un conjunto completo de información genética.

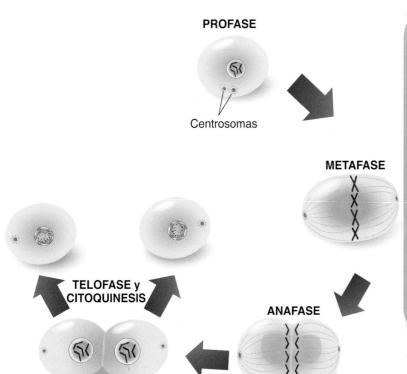

PROFASE

Centrosomas

METAFASE

TELOFASE y CITOQUINESIS

ANAFASE

La vida de una célula

¿Qué pasa cuando una célula no se está dividiendo? Su estado normal se denomina interfase. Durante la interfase la célula lleva a cabo todas sus tareas normales del día a día. También éste es el momento en que duplica su ADN, para estar lista la próxima vez que reciba la señal para dividirse.

Actividad

Actividad: Mitosis mágica

Haz un folioscopio para ilustrar la división de células del ciclo celular. ¡Verás como la mitosis ocurre delante de tus ojos!

Materials:

- 12 tarjetas (un bloc de notas *Post-it* con al menos 12 hojas también funciona bien)
- grapadora con grapas
- lápices de colores
- diagrama del ciclo celular

Instrucciones:

- Busca una buena imagen de referencia que muestre las fases de la mitosis. Puedes utilizar la imagen en la página 31 o encontrar otra en Internet o en un libro de texto de biología celular.
- Utiliza una de las tarjetas para hacer una página con el título.
- Dibuja cada fase de la mitosis en tarjetas separadas, utilizando al menos dos tarjetas para cada fase. Coloca los dibujos hacia el lado derecho de cada tarjeta y dibuja todas las células aproximadamente del mismo tamaño. Debes tener:
    - Profase - 2 tarjetas
    - Metafase - 2 tarjetas
    - Anafase - 2 tarjetas
    - Telofase - 2 tarjetas
- Añade tarjetas para
    - Interfase -2 tarjetas
- Colorea tus dibujos, utilizando siempre los mismos colores para las mismas partes de las células.
- Escalonea tus tarjetas ligeramente. Esto hará que sea más fácil para pasar las páginas del libro.
- Grapa tu libro por el lado izquierdo.
- ¡Pasa rápidamente las páginas para ver la mitosis en acción animada!

La división celular por meiosis

La meiosis es un tipo especial de división celular utilizada por los organismos pluricelulares para la reproducción sexual. En la meiosis, una célula se divide en cuatro nuevas células. Cada nueva célula tiene la mitad del ADN de la célula original. Los óvulos y los espermatozoides son células que se producen por meiosis.

Cuando un óvulo y un espermatozoide se unen, forman un solo óvulo fertilizado con ADN de ambos padres. Esta célula dará lugar a un nuevo y único organismo.

Diploides y haploides

Las células producidas a partir de la mitosis se denominan diploides debido a que tienen dos conjuntos completos de cromosomas. Las personas tienen dos copias de la mayoría de los genes, una copia heredada de cada progenitor.

Las células producidas a partir de la meiosis se denominan haploides porque tienen sólo la mitad del número de cromosomas que la célula original.

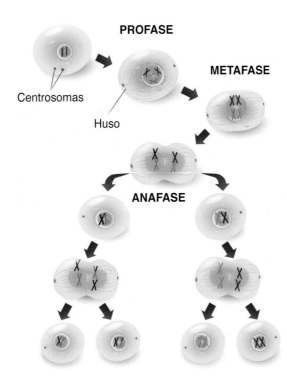

PROFASE

METAFASE

Centrosomas

Huso

ANAFASE

Si las células siempre se reproducen de otras células, ¿de dónde provienen las primeras células?

Nadie sabe cómo comenzó la vida en la Tierra, pero hay evidencia fósil de que existían células procariotas hace 3.8 mil millones de años.

Los científicos se han preguntado si las primeras condiciones en la Tierra podrían haber propiciado la vida. Han hecho experimentos para demostrar que las moléculas no vivas podrían haberse unido para formar finalmente las células vivas.

Las células madre son un tipo especial de células con una capacidad única: cuando se dividen, pueden hacer más células madre o convertirse en una célula especializada, tal como una célula muscular, un glóbulo rojo, o una célula cerebral.

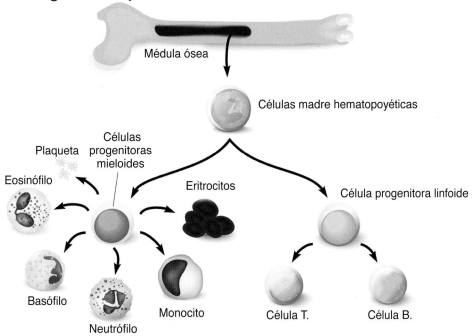

Pequeño y poderoso

Las células madre juegan un papel crítico en nuestro desarrollo. La nueva vida comienza como una célula, luego se divide en dos, luego cuatro, luego ocho células, y así sucesivamente. En la medida que las células madre en un organismo en desarrollo se dividen, también se desarrollan en células especializadas que forman los diversos tejidos y órganos.

Un organismo completamente desarrollado tiene células madre adultas en algunas zonas del cuerpo como la médula ósea, el hígado y el cerebro. Estas células pueden dividirse para reemplazar células especializadas que se han desgastado o han sido dañadas por una lesión o enfermedad.

Los científicos están interesados en el uso de células madre para tratar enfermedades como el cáncer.

¿DE QUÉ ESTÁS HECHO?

Estás hecho 100 porciento de células. Tu cuerpo tiene alrededor de 210 diferentes tipos de células. Cada tipo de célula hace un trabajo diferente que ayuda a tu cuerpo a funcionar. Las células están organizadas de manera que puedan trabajar juntas para formar un organismo vivo: ¡tú!

¿Cómo saben las células qué deben hacer? Las actividades de una célula son dirigidas por su ADN. A pesar de que no todas se parecen ni se comportan igual, cada una de tus 37 mil millones de células contiene la misma información genética en forma de ADN. Este ADN dirige todo lo que sucede dentro de tu cuerpo, diciendo a cada célula lo que tiene que hacer para ayudar a mantenerte vivo.

¡Las instrucciones incorrectas!

A veces hay errores en el ADN de una persona. Estos errores pueden ocurrir cuando el ADN se copia durante la división celular. También puede causarlos algo en el ambiente, o se pueden heredar de los padres.

Los errores en el ADN pueden hacer que ciertas células obtengan las instrucciones equivocadas. Un error que se puede transmitir de padres a hijos hace que los glóbulos rojos, que transportan oxígeno por todo el cuerpo, tengan forma de media luna en lugar de una forma de disco normal. Estas células con forma de media luna, no pueden hacer su trabajo correctamente y causan una enfermedad llamada anemia de células falciformes.

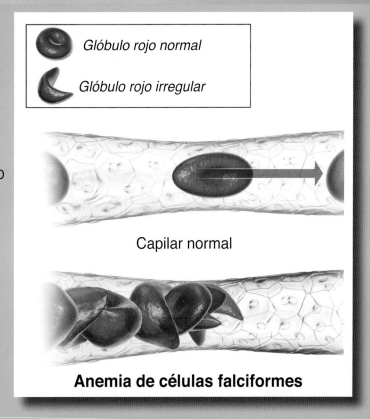

Glóbulo rojo normal

Glóbulo rojo irregular

Capilar normal

Anemia de células falciformes

La comunicación celular

Las células pueden utilizar señales químicas para comunicarse entre sí, compartir información y coordinar actividades. La comunicación celular es muy complicada y muchos científicos dedican toda su carrera solamente al estudio de una pequeña parte de ella.

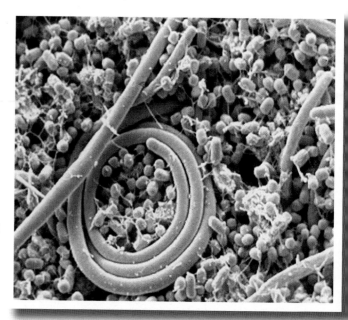

El estudio de la comunicación celular se centra principalmente en cómo una célula da y recibe mensajes a su entorno y a ella misma.

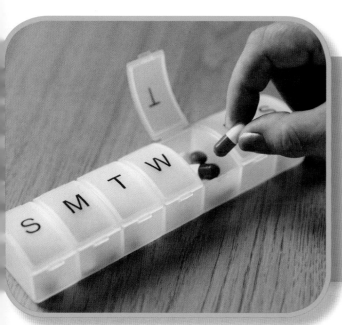

Mensaje en una botella

La mayoría de los medicamentos que tomamos trabajan mandando un mensaje químico a las células para cambiar o detener ciertas actividades. Cuando tomamos una medicina, cambiamos algunas de las conversaciones que ocurren dentro de nuestros cuerpos.

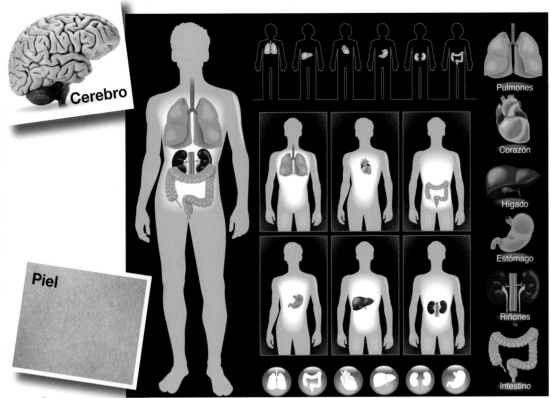

Cerebro

Piel

Pulmones

Corazón

Hígado

Estómago

Riñones

Intestino

¡Órganos en abundancia!

Sabemos que las células se combinan en tejidos, los cuales se combinan para formar órganos. Éstos son sólo algunos de los órganos de tu cuerpo que trabajan juntos para mantenerte vivo. ¿Puedes pensar en algo más?

- Nuestro cerebro controla el resto de nuestro cuerpo. Nos permite pensar y sentir emociones.

- Los pulmones suministran el oxígeno al torrente sanguíneo.

- El hígado desempeña muchas funciones importantes, incluyendo el deshacerse de las toxinas del cuerpo.

- Los riñones también ayudan a limpiar las toxinas y otros desechos de nuestro cuerpo.

- El estómago ayuda a descomponer los alimentos.

- La piel recubre y protege nuestro cuerpo del medio ambiente.

- El corazón bombea oxígeno y nutrientes a todo el cuerpo.

Sistema de órganos

Los órganos se agrupan entre sí para formar sistemas de órganos que son responsables de ciertas funciones. Por ejemplo, nuestro sistema inmunológico, que incluye el bazo, los ganglios linfáticos, el timo y la médula ósea, nos protege de los invasores bacterianos y virales.

Nombre del sistema	Qué incluye	Qué hace
sistema respiratorio	los pulmones, la laringe y las vías respiratorias	nos permite respirar
sistema cardiovascular	el corazón, la sangre y los vasos sanguíneos	lleva la sangre y los nutrientes a través del cuerpo
sistema digestivo	el estómago, la vesícula biliar, los intestinos, el hígado y el páncreas	descompone los alimentos en moléculas que pueden ser utilizadas por diferentes partes del cuerpo
sistema excretor	los riñones y la vejiga	ayuda al cuerpo a deshacerse de toxinas
sistema tegumentario	la piel, el cabello y las uñas	protege el cuerpo del mundo exterior
sistema muscular	todos los músculos de nuestro cuerpo	protege el cuerpo del mundo exterior
sistema nervioso	el cerebro, la médula espinal y los nervios	transmite mensajes entre el cerebro y las diferentes partes del cuerpo

Cuando reflexionas, es sorprendente descubrir que las células pueden unirse para formar sistemas tan complicados como nosotros mismos.

A veces, sin embargo, las cosas pueden ir mal. Tomemos el cáncer, por ejemplo. El cáncer es una enfermedad causada por células que continúan dividiéndose cuando no deberían hacerlo. Estas células descontroladas forman tumores. Poco a poco destruyen las células buenas y pueden conducir a otras enfermedades o incluso a la muerte.

Célula cancerígena

La cura del cáncer

El cáncer se puede tratar, e incluso curar. La cirugía puede eliminar físicamente las células del cáncer, la quimioterapia utiliza productos químicos para destruirlas y la radiación usa ondas de alta energía para hacer lo mismo.

La producción de células en un laboratorio

Los científicos han descubierto maneras de reproducir las células en un ambiente artificial. Esto se denomina cultivo celular o tisular. Es una herramienta importante para el estudio de las células de los organismos pluricelulares que evita el uso de animales vivos en el laboratorio.

Dispositivos de microfluidos para el cultivo y la proliferación de las células madres.

"¡¿Frankenmeat?!"

¡Algunos investigadores experimentan con el tejido en crecimiento como fuente de carne comestible! Algunas ventajas: No se perjudican a los animales y podrían ser menos dañinas para el ambiente que la cría de animales para el consumo. Algunos puntos negativos: es costoso y algunas personas lo ven como raro y poco natural. A la carne creada en laboratorios se le ha dado incluso algunos apodos interesantes como "Shmeat" y "Frankenmeat".

En el año 2013, críticos culinarios probaron en Londres la primera hamburguesa hecha de miles de mil millones de células de cultivo de tejidos de vaca, ¡y les gustó!

HERRAMIENTAS DEL COMERCIO CELULAR PARA EL ESTUDIO DE LAS CÉLULAS

La mayoría de las células son demasiado pequeñas para que podamos verlas con nuestros ojos. El ojo humano puede ver cerca de 100 micrómetros. Un óvulo humano es de ese tamaño, pero las células de la mayoría de los animales miden solo de 10 a 20 micrómetros. Las bacterias y las mitocondrias miden aproximadamente 0,5 micrómetros.

¡Búscate un microscopio! Un microscopio óptico estándar puede ayudar a ver las cosas tan pequeñas como 0,2 micrómetros. Para ver objetos aún más pequeños, como los detalles de una membrana de una célula u orgánulo, hay microscopios electrónicos. Ellos utilizan haces de electrones en lugar de luz y pueden revelar objetos tan pequeños como 0,00005 micrómetros.

Microscopios de luz	Microscopios electrónicos
utilizan la luz visible	utilizan un haz de electrones
el aumento es limitado	tienen un mayor aumento
te permite observar con facilidad la mayoría de las células	en algunos se pueden ver los virus, los cuales son mucho más pequeños que cualquier célula
las células pueden estar vivas o muertas, teñidas o no	las células tienen que estar preparadas de una manera que se puedan eliminar
bajo costo	costoso
fácil de usar	requiere entrenamiento para usarlo
pequeño y portátil	grande y estacionario

En 2014, el Premio Nobel de Química fue otorgado a los científicos Eric Betzig, Stefan W. Hell y William E. Moerner por desarrollar formas para ver las células vivas en una escala mucho más pequeña que nunca antes.

Sus nuevos **microscópicos** causan que partes de las células se iluminen. Esto permite a los científicos ver lo que le sucede a moléculas individuales dentro de las células vivas ¡en tiempo real!

A medida que estas y otras nuevas herramientas y técnicas para el estudio de las células se desarrollan, los científicos continuarán haciendo importantes descubrimientos sobre las células y su funcionamiento. La biología celular es un campo de estudio apasionante. Después de todo, sin estas fascinantes y sorprendentes mini máquinas, no conoceríamos acerca de la vida en la Tierra tal y como la conocemos.

Eric Betzig

William E. Moerner

Stefan W. Hell

Microscopía de fluorescencia de super resolución

¿Cómo funciona este nuevo tipo de microscopía, denominada microscopio de fluorescencia de super resolución? Una manera simple de imaginárselo: si la microscopía de luz es como usar un reflector gigante para detectar un objeto pequeño en un campo grande, entonces este nuevo tipo es como la adición de pequeñas luces al propio objeto, de modo que se destaque del resto en el campo.

Orden cronológico de los primeros descubrimientos de la célula

Robert Hooke
1635–1703

1655 Robert Hooke descubre las células mientras mira en un corcho (material vegetal muerto) a través de un microscopio. Él les da su nombre.

Anton van Leeuwenhoek
1633–1732

1674 Anton van Leeuwenhoek observa las células vivas (protozoos). Varios años más tarde descubre las bacterias.

1833 Robert Brown observa y describe el núcleo en las células vegetales.

Matthias Schleiden
1804–1881

1838 Matthias Schleiden presenta la idea de que todas las plantas están formadas por células.

1839 Theodor Scwhann establece que todos los animales están formados por células.

Albrecht von Roelliker
1818–1902

1840 Albrecht von Roelliker se da cuenta de que el esperma y los huevos son tipos de células.

1845 Carl Heinrich Braun afirma que las células son la unidad básica de la vida.

Rudolph Virchow
1821–1902

1858 Rudolph Virchow establece que las células sólo se desarrollan a partir de células existentes.

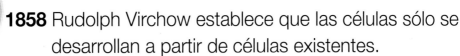

Así que quieres ser un detective de células...

Si piensas que te gustaría llegar a ser un biólogo celular, puedes comenzar desde hoy. Utiliza una lupa para buscar pequeñas señales de vida. Si tienes acceso a un microscopio, examina el agua de un estanque o charco. Averigua si hay algún laboratorio en tu área que estudie las células y trata de programar una visita o pídele a tu profesor que organice una excursión.

GLOSARIO

andamiaje: marco de apoyo

complejo: muy complicado, no es sencillo

diversidad: variedad

energía: potencia utilizable

fotosíntesis: un proceso químico mediante el cual las plantas verdes convierten el agua y el dióxido de carbono en alimentos utilizando la energía solar

funciones: papeles especiales, actividades o propósitos

gen: una porción de ADN que afecta la forma en que un ser vivo se ve, crece, y / o actúa

información genética: conocimientos o hechos que tienen que ver con los genes

microbios: organismos solo visibles con un microscopio

micrómetros: medida que equivale a una millonésima parte de un metro

microscopía: el uso de un microscopio

nutrientes: sustancias que los seres vivos necesitan para vivir, crecer y estar sanos

organismo: un ser vivo

proteínas: compuestos químicos necesarios para la vida

reproducirse: producir nuevos individuos de la misma especie

ÍNDICE

DEMUESTRA LO QUE SABES

1. ¿En qué se diferencian las células procariotas de las eucariotas?
2. Nombra cuatro orgánulos y sus funciones.
3. ¿Cuáles son algunos de los niveles de organización dentro de tu cuerpo?
4. ¿Cómo saben las células qué hacer?
5. ¿Qué nos puede decir la forma y el tamaño de una célula? Da un ejemplo.

SITIOS PARA VISITAR EN LA RED

www.exploratorium.edu/traits/exhibits.html

www.sheppardsoftware.com/health/anatomy/cell/index.htm

www.centreofthecell.org/learn-play/games

SOBRE LA AUTORA

Jodie Mangor dedicó años a la investigación del misterioso funcionamiento interno de las células. Hoy en día, usa sus conocimientos en microbiología, ciencias ambientales y biología molecular para editar documentos publicados en revistas científicas. Sus historias, poemas y artículos aparecen en una variedad de revistas para niños y jóvenes. Es también autora de guiones de audio para museos de alto perfil y destinos turísticos de todo el mundo. Muchos de estos recorridos son para los niños. Vive en Ithaca, Nueva York, con su familia.

¡Conoce a la autora!
www.meetREMauthors.com

www.rourkeeducationalmedia.com

PHOTO CREDITS: Cover/Title Page © paulista - Shutterstock; Page 6 © Darrin Henry; Page 8 © Aldo Ottaviani; Psge 11 © somersault1824; Page 13 © andegro4ka; Page 15, 16, 17 © wiki; Page 17 © Henrik5000; Page 18, 37 © BruceBlaus; Psge 19 © ugreen; Page 20 © 7activestudio; Page 21 © angelhell; Page 23 © Nancy Nehring; Page 24 © Katarina Gondova, daseugen; Page 25 © andreusk, aleksle; Page 26 © gutang; Page 27 © DebraLee Wiseberg, Zhabska T.; Page 28 © Christian Anthony; Page 30 © Lukiyanova Natalia, Karl Dolenc; Page 31 © BeholdingEye; Page 32, 35 © Zhabska T.; Page 34 © Krasstin; Page 36 © Jean-Phillipe WALLET; Page 38 © USDA, wragg; Page 39 DNY59, Bukkerka; Page 41 © Jezperklauzen, KatarzynaBialasiewicz; Page 42 © The Crimson Monkey; Page 43 © Onur Döngel; Page 44 © barcande-jeremy, Kevin Lowder; Page 45 © Jan Verkolje

Edited by: Keli Sipperley
Translated by: Dr. Arnhilda Badía
Cover design by: Nicola Stratford   www.nicolastratford.com
Interior design by: Rhea Magaro

Library of Congress PCN Data

Las células, Constructoras de vida / Jodie Mangor
(Exploremos las Ciencias)
 ISBN 978-1-68342-099-6 (hard cover)
 ISBN 978-1-68342-100-9 (soft cover)
 ISBN 978-1-68342-101-6 (e-Book)
Library of Congress Control Number: 2016946730

Also Available as:

ROURKE'S
e-Books

EXPLOREMOS LAS CIENCIAS

Todos los organismos, desde las bacterias hasta las abejas, desde los árboles de arce a los monos, tienen algo en común: ¡están compuestos de células! Embúllate para que averigües todo acerca de las células--sorprendentes mini máquinas de la vida. Vas a descubrir qué hay dentro de una célula, lo que las células hacen para mantenernos vivos y cuán alucinante puede ser la diversidad celular.

Alineación

Este título es compatible con los estándares NGSS para las Moléculas a Organismos: Estructura y Procesos. Los lectores aprenderán las funciones primarias de las partes de la célula, incluyendo el núcleo, cloroplastos, mitocondrias, membrana celular y la pared celular.

Otros recursos útiles:

Constuir casas verdes

Cadenas y redes alimentarias

Comprensión de los modelos

Energía del viento

Nuestra huella en la tierra

El clima

El sistema nervioso

La ciencia de los animales

ISBN: 978-1-68342-100-9

90000

9 781683 421009

Rourke
Educational Media

rourkeeducationalmedia.com